军舰

乘风破浪的钢铁雄狮

编写组 编

HEUP 哈尔滨工程大学出版社

图书在版编目(CIP)数据

军舰：乘风破浪的钢铁雄狮 / 《军舰：乘风破浪的钢铁雄狮》编写组编. -- 哈尔滨：哈尔滨工程大学出版社，2015.7

ISBN 978-7-5661-1082-4

Ⅰ. ①军… Ⅱ. ①军… Ⅲ. ①军用船－世界－青少年读物 Ⅳ. ①E925.6-49

中国版本图书馆CIP数据核字(2015)第145705号

出版发行	哈尔滨工程大学出版社
社　　址	哈尔滨市南岗区东大直街124号
邮政编码	150001
发行电话	0451-82519328
传　　真	0451-82519699
印　　刷	哈尔滨市石桥印务有限公司
开　　本	710 mm × 1 000 mm　1/16
印　　张	6.5
字　　数	98 千字
版　　次	2015 年6 月第 1 版
印　　次	2015 年6 月第 1 次印刷
定　　价	42.80 元

http://www.hrbeupress.com

E-mail:heupress@hrbeu.edu.cn

序

舰艇是世界各国海军的主要装备，是在海洋进行战斗活动或勤务保障的海军船只。辽阔的海洋和交错分布的河流，现代社会科技的迅猛发展，成为了世界舰艇飞速发展的推动力。从古代的桨帆战船和风帆战船，到近代的蒸汽舰船，再到现代的结构复杂、科技含量高、能力出众的各种舰艇；从中国明代航海家郑和七次下西洋，到英国和阿根廷之间的马尔维纳斯群岛之战；从古老的船只撞击，到炮战、导弹战、信息战、配合战等，世界的军舰发展走出了一条伴随人类社会文明发展的辉煌轨迹，并且还将继续成为世界各国军事力量重要发展的一环。

中国人民解放军海军作为世界海军的重要组成部分，以舰艇部队和海军航空兵为主体，是中国人民解放军进行海上作战的主力。中国人民解放军海军自成立以来，在武器装备建设方面取得了长足的发展。以新型驱逐舰、新型潜艇、新型战斗机为代表的新一代主战装备，以及与其相配套的新型导弹、鱼雷、舰炮、电子装备等武器系统陆续交付使用。

随着我国“辽宁号”航空母舰的交付使用，我国海军舰艇发展步入了更加辉煌的时代。与此同时，当今世界海军装备竞争也日趋激烈，各种海军舰艇已经越来越深入地、近距离地展现在人们面前，吸引着人们去了解军舰、认识军舰、走近军舰。

鉴于上述原因，作者们编写了此书，希望能够帮助读者特别是青少年读者中的军舰爱好者揭开军舰的神秘面纱，向广大读者普及典型的军舰知识。本书简要介绍了世界军舰和新中国成立以来我国军舰发展的历程，重点以大量的图片形式，介绍了世界各国主要军舰的风采。

二〇一五年六月十八日

前言

军舰是一个国家海军装备的核心力量，也是一个国家捍卫和守护海洋安全的重要保障。本书通过收集大量资料和图片，为读者特别是青少年中的军事爱好者全方位、多角度、图文并茂地介绍了我国和世界各国典型军舰的概况。通过大量生动的图片展示，引领广大读者认识军舰、了解军舰，激发读者对军舰的浓厚兴趣，为普及我国青少年读者的军舰知识提供帮助。

为了更好地、全面地将世界先进军舰的风采展现给读者，我们在编写过程中，参考和搜集了各种图书、互联网图片的相关资料，资料的作者多是在军舰相关领域方面的专家和学者，我们在这里向他们表示诚挚的感谢。本书的部分图片来自网易、新浪网、百度网、互动百科、天涯论坛、凤凰网、搜狐网、千龙网、铁血社区、新华网、腾讯网等。由于一些图片作者标注不详，我们暂未与作者取得联系，请见谅。如果您发现您的原创图片，请及时与哈尔滨工程大学出版社取得联系，我们将按社里规定支付相关费用。本书在编写过程中，得到了哈尔滨工程大学海军方面的专家及学者的大力帮助，在此一并表示感谢！

编写组

2015 年 6 月

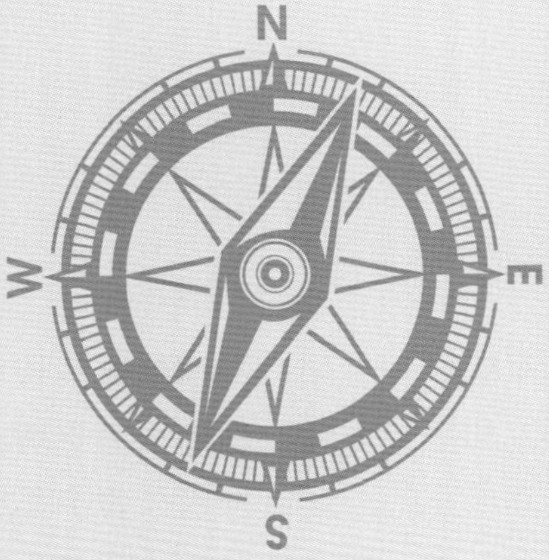
N
W
E
S

中国海军军衔和其他国家海军军衔对比图例

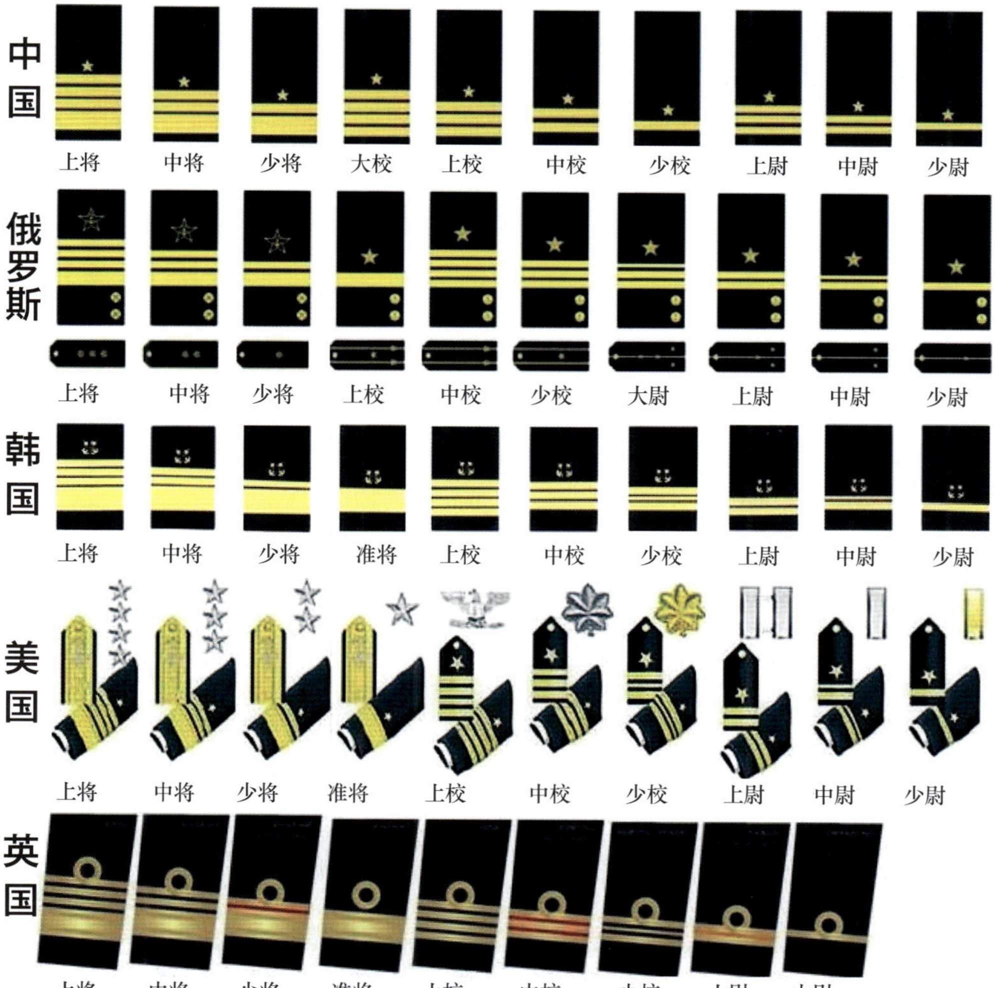

目录

军舰发展简介

人类祖先大都聚居在自然条件比较优越的河流、湖泊边缘。人类早期文明主要发源于美索不达米亚、埃及、印度河流域以及黄河、长江流域。人类祖先的生活每时每刻都离不开水，看到水里的鱼想捕获，遇到江河想渡过去，洪水泛滥时要逃命，采集的食物或获取的猎物需要运输…… 人们盼望有一种水上工具能征服江河湖海。实践使人类增长了智慧，观察自然现象使人类受到启发。“古者观落叶因以为舟”，这反映了人类祖先开始对一些物体具有浮性的认识。之后，人们逐渐有意识地利用漂浮的天然物体，如树木和芦苇，帮助人体渡过河流。为了平稳地浮在水面，人们想出用两根、三根或更多的树木捆绑在一起的主意。最后，人们根据圆木和芦苇能浮在水面的原理，制作了类似于筏或船的水上交通工具。

军舰

——乘风破浪的钢铁雄狮

世界军舰发展简介

▲ 古代的三层桨战船

古代埃及、腓尼基、中国、希腊是世界造船和航海的发源地。古代埃及的造船和航海历史最为悠久，可追溯到公元前3000多年。最早的战船于公元前1200多年出现于埃及、腓尼基和希腊，主要用桨划行，有时辅以风帆。

当人类进入阶级社会之后，随着战争的出现及战争由陆上蔓延到江河湖海后，专门用于水上战争的船只就从普通船舶中分化出来，并经过不断发展形成了古代战船。

中国和地中海国家是古代战船的发源地。公元前16～11世纪，我国商代就已将舟船作为军队的运载工具。公元前1027年，周武王率兵车300乘，近卫军3000人，甲士4.5万人，联合了一些其他部落的军队，大举伐纣。参战部队由47艘大船运送，在孟津渡河，直捣商朝都城朝歌（今河南淇县），灭亡了商朝。这次渡河作战，组织严密，规模空前，由专人指挥船只。但这些船只毕竟是临时征集的，没有专门用于水战的兵器和人员，因此还算不上真正的战船和舟师。

▲ 郑和宝船

最早的桨帆战船为单层桨，公元前1200多年出现于埃及、腓尼基和希腊。公元前800年，单层桨战船开始装上青铜铸造的船艏冲角，用来进行海上战船间的撞击战。公元前700年，在腓尼基和希腊等国造出了两层桨战船。公元前550年，希腊最先造出三层桨战船。此后，三层桨战船成为地中海沿岸各国海军舰队的主力，并持续了十几个世纪。

公元前6世纪中期，我国正值春秋时期。为了适应地区作战的需要，南方的吴国、越国、楚国和北方面临东海的齐国，都先后建造和改装战船，并抽调官兵进行水上训练。至此，中国古代海军便应运而生了。当时吴国舟师中的战船有大翼、中翼、小翼、楼船、桥船等，还出现了专用的水战器具“钩拒”。公元前206～25年的西汉时期，中国战船得到了进一步发展，其性能已逐步赶上和超过了当时的地中海国家，并一直保持到15世纪中期。中国战船是当时世界上最大、最牢固、适航性最好的船舶。

14世纪，世界上最早的金属管形火器——火铳在我国问世。据历史学家考证，在明洪武十年（1377年），我国战船已普遍装备火铳，从而开始了战船武器从冷兵器、燃烧和爆炸性火器向火炮的过渡。

世界战船从桨帆战船向风帆战船的过渡，整整持续了数个世纪。风帆战船的船体也为木质，吃水较深，干舷较高，艏艉翘起，竖有多桅帆，以风帆为主要动力，并辅以桨橹。与桨帆战船相比，风帆战船的排水量、航海性能、远洋作战能力均有了较大的提高，主要武器为前装滑膛炮，作战方法主要是双方战船在数十米至千米距离上进行炮战，并辅以一定的接舷战。我国明代航海家郑和率领的庞大船队曾七下西洋。他所乘坐的最大的“宝”船，长约137米、宽约56米，有九桅十二帆，装有火铳多门，是当时世界上最大的风帆海船。

▲ 中国“平远号”巡洋舰

北欧国家15世纪初开始出现装有火炮的风帆战船。1488年，英国建成一艘名为“总督”的四桅战船，装有225门小型火炮；1520年，又建成一艘排水量达1000吨的“大哈里号”风帆战船，该船装有口径60～203毫米的火炮2门。

到了19世纪，随着欧洲各国海上战争愈演愈烈，风帆战船得到进一步的发展。最大的风帆战船已达6000吨，装备大中口径火炮100门以上。

就在风帆战船飞速发展的同时，自19世纪初以来，蒸汽机开始作为新的动力被使用在战船上。1815年，美国建成了第一艘明轮蒸汽舰“德莫洛戈斯号”（后改称“富尔顿号”），其排水量达2745吨，航速不到6节，装有14.5公斤的炮32门。早期的蒸汽船都是由明轮推进的。但明轮船在海战中却受到很大限制，一是庞大的明轮和部分机器暴露在敌人的火力之下，因而在战斗中极易受到炮火的毁坏。二是明轮布置舰舷两侧，占据了用于安装火炮的宝贵空间。

1929年，奥地利人约瑟夫·莱塞尔发明了可适用于船舶的螺旋桨，并由瑞士工程师约翰·埃里克森等人进行了改进，从而克服了明轮的缺点，使得蒸汽机能够装置于舰船吃水以下的舱室。螺旋桨推进器出现后，蒸汽机逐步成为战舰的主动力装置，从而使战舰发生了一系列崭新的、质的变化。由于蒸汽战船改变了对风速、风向和潮流的依赖，风帆战船时代宣告终结。与此同时，舰上火炮也得到迅速发展。性能优越的火炮对木质船舷产生灾难性的打击。为此，大型舰只开始装设舷部和甲板的装甲防护带，以抵挡敌舰炮火的攻击。铁甲战舰由此问世。

随着铁甲战舰的出现，来复线炮管和爆破弹也被用于各海上强国的战舰上。与此同时，水雷和鱼雷等专门的海战武器陆续发明并被装备于战舰。1877年，英国研制出了第一艘鱼雷艇。1892年，俄国研制出布雷舰。很快，各国海军纷纷仿效，也先后研制出了本国的鱼雷艇和布雷舰。水雷和鱼雷的应用增强了海军的战斗力。各国海军为了对付鱼雷、水雷所带来的新威胁，开始为其大型战舰设置了水下防雷结构。1893年，英国建成了专门对付鱼雷艇的鱼雷炮舰。正是这种鱼雷炮舰，后来逐渐演变成为了今天的驱逐舰。我国清政府从19世纪60年代开始购买和建造近代舰艇。1889年建成“平远号”巡洋舰，排水量2100吨，航速14节，装备舰炮12门。1902年建成“建威号”鱼雷快船，排水量850吨，航速23节，装备舰炮9门和鱼雷发射管数具。

20世纪初，柴油机–电动机双推进系统潜艇研制成功,使潜艇具备一定的实战能力，海军又增加了一个新的兵种——潜艇部队。英国海军装备无畏级战列舰和战列巡洋舰以后,海军发展进入“巨舰大炮主义”时代。英、美、法、日、意、德等海军强国之间，展开以发展主力舰为中心的海军军备竞赛。美国人A.T.马汉提出的“海权论”理论，适应了这种海洋战略的需要，为海军大国所推崇。

1914年第一次世界大战爆发时，各主要参战国海军共拥有主力舰150余艘,装备鱼雷的小型舰艇成为具有可以击毁大型战舰的轻型海军兵力。20世纪20～30年代，世界海军有了第一批航空母舰和舰载航空兵,岸基航空兵也得到发展，海军航空兵成为争夺海洋制空权的主要兵种。至此，世界海军已发展成为由多兵种组成的，能在广阔海洋战场上进行立体作战和合同作战的军种。

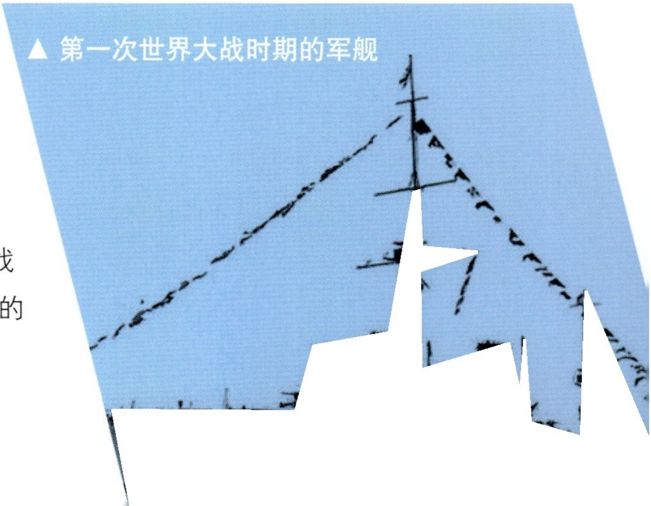
▲ 第一次世界大战时期的军舰

▲ 第一次世界大战时期的军舰

第二次世界大战时期，由于造船焊接工艺的广泛应用以及分段建造技术和机械、设备的标准化，保证了战时能快速、批量地建造舰艇。舰载机的研制和使用技术日趋成熟，在提高飞机投弹命中率的基础上，又解决了鱼雷攻击的技术，其攻击效果超过重型舰炮。第二次世界大战中，舰载航空兵、航空母舰和潜艇有了迅速发展。交战双方主要海军国家拥有航空母舰总数由战前的近30艘，发展到140余艘；潜艇由350艘发展到1500余艘，它们成为海军的主要突击兵力。战列舰和战列巡洋舰逐渐失去主力舰的地位。由于海上作战规模扩大，海空协同和登陆作战的需要，各型勤务舰船和登陆作战舰艇发展起来，加强了海军基地作战指挥、海岸防御、舰艇和飞机驻泊、勤务保障、装备修理等体系的建设，所需的各种技术也逐步形成许多新的分支学科。海军技术从吸收应用、派生、移植基础技术，逐渐地自主发展成为专门技术。

自人类进入了核时代，核导弹、核鱼雷、核水雷、核深水炸弹便相继出现，潜艇、航空母舰和巡洋舰向核动力化发展。20世纪50～60年代，在喷气式超音速海军飞机搭载航空母舰之后，垂直、短距起落

▲ 第二次世界大战期间的军舰

飞机、直升机等又相继装舰，使大中型舰艇普遍具有海空立体作战能力；潜射弹道导弹、中远程巡航导弹、反舰导弹、反潜导弹、舰空导弹、自导鱼雷、制导炮弹等一系列精确制导武器装备海军，进一步增强了现代海军的攻防作战、有限威慑和反威慑的能力；20世纪70年代以后，军用卫星、数据链通信、相控阵雷达、水声监视系统、超低频对潜通信、电子信息技术和电子计算机的广泛应用，使现代海军武器装备正逐步实现电子化、自动化、系统化，并向智能化方向发展，使海军技术发展成为高度综合的技术体系。

随着国际贸易和航运的日益扩大，海洋开发的扩展，国际海洋斗争日趋激烈，濒海国家都非常重视海军的建设和发展,不断运用科学技术的新成果,发展海军的新武器 、新装备 ，提高统一指挥水平和快速反应 、超视距作战能力 。海军大国仍将注重核动力舰艇、舰载航空兵和具有核进攻能力的兵种及远程海空预警部队的发展，并重视协调各兵种、舰种及支援保障勤务部队的均衡发展，以增强战略袭击能力和在海洋上机动作战、夺取制海权的能力，提高濒海地区攻防作战能力和应急快速部署能力。其他濒海国家，多数将注重加强海军近海攻防作战能力，少数国家将进一步发展海军远洋作战能力。

新中国成立后我国军舰发展简介

▲ **中国人民解放军海军诞生地纪念馆**

中国人民解放军海军是中华人民共和国的海上武装力量，中国人民解放军的海上分支。中国人民解放军海军以舰艇部队和海军航空兵为主体，其主要任务是独立或协同陆军、空军防御敌人从海上的入侵，保卫领海主权，维护海洋权益。中国人民解放军海军现役军人约24万人，舰船300余艘，飞机600余架，现役舰艇总吨位仅次于美国，是西太平洋地区最大规模的海上武装力量。

中国人民解放军海军是在人民解放军陆军的基础上组建起来的。1949年3月24日，中国人民革命军事委员会主席毛泽东和中国人民解放军总司令朱德热烈庆祝"重庆号"巡洋舰官兵起义，指出中国人民必须建设自己强大的国防，除了陆军，还必须建立自己的空军和海军。1949年4月4日，中国人民解放军第三野战军副司令员粟裕、参谋长张震奉中央军委命令，到达江苏省泰县白马庙乡，建立渡江战役指挥部，接受国民党起义投诚舰艇，组建了一支保卫沿海沿江的海军部队。1949年4月23日，华东军区海军领导机构在白马庙乡成立，张爱萍任司令员兼政委，中国人民解放军海军从此诞生。

1950年4月14日，海军领导机关在北京成立，这是中央军事委员会领导和指挥海军部队的最高领导机关，肖劲光任司令员，刘道生任副政委兼政治部主任；同年任命王宏坤为副司令员，罗舜初为参谋长，后相继组建了东海舰队、南海舰队和北海舰队。

1953年2月，毛泽东主席视察海军舰艇部队，为五艘舰艇写下了五张同样的题词：“为了反对帝国主义的侵略，我们一定要建立强大的海军！”60多年来，在党中央、中央军委的正确领导下，人民海军不断发展壮大，陆续组建了海军水面舰艇部队、海军潜艇部队、海军航空兵、海军岸防部队和海军陆战队五大兵种体系。

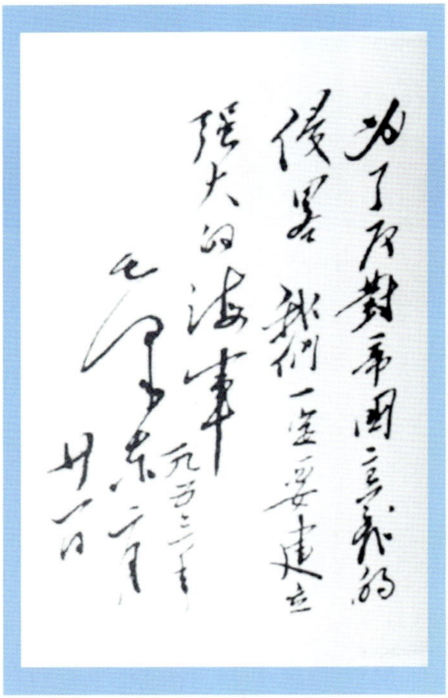

▲ 毛泽东为五艘舰艇题词

新中国成立初期，中国海军的全部家底就是从原国民党海军中起义的部分小型舰艇，全部加起来不过几千吨的样子，还不如美国海军的一艘驱逐舰，但就是这些小得不能再小的舰艇在保卫海疆的战斗中屡胜强敌，捍卫了新生的共和国。

20世纪50年代，中国海军从苏联购买了部分装备，构成了海军力量的中坚，在这其中四艘火炮驱逐舰被中国海军称为“四大金刚”，成为当时中国海军的标志性舰艇。

▲ 中国海军"四大金刚"之"鞍山"舰

20世纪50~60年代，我国提出了发展"潜、飞、快"的方针，将潜水艇、陆基海军航空兵以及快艇部队作为发展的重点，实行"近岸防御"的战略，但由于海军力量的薄弱，属于中国的几百万平方公里的海洋国土基本上处于弃守的状态。

进入20世纪70年代，为了配合中国战略导弹的发射实验，中国自行设计建造了051型（北约称之为旅大级）导弹驱逐舰、053型（北约称之为江湖级）导弹护卫舰等一批中型水面舰艇，研制成功了第一艘核潜艇，这些国产装备的入役大大提高了中国海军的战斗力。在20世纪70年代对中国海军影响最深刻的当属"西沙保卫战"。在这次战役中，中国海军凭借着广大指战员舍生忘死的精神，以海上拼刺刀的方式击败了在吨位上数倍于自己的强敌，打赢了新中国历史上第一次对外军的海上保卫战，也在世界海军史上创造了一个以弱胜强的经典战例。

▲ 中国江湖级导弹护卫舰首舰

进入20世纪80年代后，中国海军的战略核潜艇服役并成功地进行了潜地导弹的发射试验，使中国成为世界上第五个拥有海基战略核反击能力的国家。在此时期，中国海军渐渐地由“近岸防御”向“近海防御”的方向发展，海上控制能力大大提高。但应该看到，同时期国外海军装备在技术上有了大的飞跃，垂直发射、相控阵雷达、新型声呐、燃气轮机、电子计算机等一系列新技术开始在海军应用，舰艇的作战能力成倍提高。中国海军与世界先进海军的技术差距也有所扩大。

20世纪90年代后，随着中国国力和海洋意识的增强，海军发展进入了快车道。20世纪90年代初，第二代052型（北约称之为旅沪级）导弹驱逐舰、053改进型（北约称之为江卫级）导弹护卫舰进入现役。这些新型装备在防空、反潜、反舰能力上有一个大的提高，真正具备了三维立体作战的能力。

21世纪到来之后，随着陆地资源的日渐枯竭，世界各国对海洋资源日益重视。中国海军所面临的局势更加复杂和尖锐，建立强大的以航空母舰为核心的远洋舰队成为时代的强烈呼唤。1999年，中国购买了“瓦良格号”航空母舰，于2002年3月4日抵达大连港。2005年4月26日，开始由中国海军继续建造改进。解放军的目标是对此艘未完成建造的航空母舰进行更改制造，及将其用于科研、实验及训练用途。2012年9月25日，其正式更名为“辽宁号”，交付于中国人民解放军海军。“歼15”战斗机成功于“辽宁号”上触舰复飞及着舰降落与起飞，为航母形成战斗力提供了保障。2013年5月10日，中国海军首支舰载航空兵部队在渤海湾正式组建，为我国海军战斗序列又增添了新型战斗力量，标志着我国海军建设进入了新的历史发展阶段。

军舰风采

军舰按战斗任务的不同，主要分为战斗舰艇和辅助战斗舰艇两大类。直接执行战斗任务的舰艇称为战斗舰艇，执行辅助战斗任务的舰艇称为辅助战斗舰艇。本部分将把我国及世界各国典型的各类军舰较为全面地介绍给读者。

军舰

——乘风破浪的钢铁雄狮

战斗舰艇之水面战斗舰艇

水面战斗舰艇是执行水面战斗任务的海军舰艇，是现代海军的主要装备。按其基本任务的不同，又区分为不同的舰种，包括航空母舰、巡洋舰、驱逐舰、护卫舰、鱼雷艇、导弹艇、猎潜艇、布雷舰、扫雷舰、登陆舰等。

航空母舰战斗群

在介绍各类具体军舰之前，我们有必要先来了解航空母舰战斗群这一整体概念。因为在当今世界规模较大的海军竞争中，只有各型舰艇相互配合，才能令各类舰艇发挥出最大的作用，从而发挥出海军的整体优势。在这里，以当代世界海军头号强国——美国为例，来介绍航空母舰战斗群的相关内容。

▲ 美国航空母舰战斗群

航母战斗群，作为军事战略的重要支柱，是显示国家力量、支持外交政策、保证国家利益、制止危机和冲突的有效兵力。其主要作用包括：保护海上运输航道的使用与安全，保护两栖部队的运输与任务执行，协同陆基飞机共

同形成与维持特定地区的空中优势，以武力展示的手段满足国家利益需求，进行大规模海空正面对战。据统计，自1964年以来，美国在世界各地以武力进行干预的突发事件达200多起，其中运用海军兵力的就占2/3以上。在这些军事行动中，几乎都有航母战斗群直接或间接参加。

航母战斗群虽然具有水面、对潜、对空和电子等综合性作战能力，但并非无懈可击。首先，航母战斗群阵容庞大，电磁、红外、声场、热场等诸项物理特征明显，容易遭受攻击。其次，航母战斗群作战能力会随环境因素的变化而变化，如航母战斗群在地形复杂、岛礁众多的近岸海域活动时，机动能力下降，不利于反潜作战。再次，航母战斗群燃油、弹药和弹射器等物资消耗量大，在进行海上补给时防御能力明显降低，这就为对方对其实施打击创造了条件。另外，卫星定位、水雷封锁、远程突袭和电子对抗等，也都是对付航母战斗群的有效方法。

▲ 美国航空母舰战斗群

航母战斗群的组成各有不同，不过当前一个美军航母战斗群基本上由航空母舰、巡洋舰、驱逐舰、护卫舰、潜艇、补给舰组成。

如今一个美军航母战斗群的攻击与防卫能力很复杂。大致来说是用航空母舰运载的战斗机、攻击机、预警机、反潜机或直升机来攻击、防卫或搜索距离航母数百公里之外的敌人。其他作战舰艇则以保护航空母舰的操作安全为第一任务。

航母战斗群最初于第二次世界大战期间参与实战，主要应用于美国与日本的太平洋战争。当时的航母战斗群舰艇数目要比现今多得多。这也是唯一一次航母战斗群对航母战斗群的战争。英国也有一些规模较小的航母战斗群在大西洋、地中海以及太平洋地区作战。

▲ 美国航空母舰战斗群

冷战期间，美国航母战斗群有两大任务，一是与苏联冲突过程中保护大西洋航线的安全。二是在海上威胁苏联在北大西洋的舰队以及重要陆上目标。

▲ 美国航空母舰战斗群

当前美国海军共有航母战斗群十个。通常一个航母战斗群的标准编制为：一艘现役航空母舰、两艘导弹巡洋舰、四艘导弹驱逐舰、一艘护卫舰、一至两艘攻击型核潜艇和一艘供应舰。

根据平时或战时以及受威胁程度的不同，美国海军航母战斗群的使用数量也不同。进行海外部署、在低威胁区巡逻或显示力量时，美国海军通常派出一个航母战斗群；在中等威胁区实施威慑、制止危机和参与低强度战争时，一般使用两个航母战斗群；在高威胁区参与局部战争或大规模常规战争时，可能投入三个或三个以上的航母战斗群。此外为了执行海上演习任务，美国海军可以根据演习的规模，派出一个或数个航母战斗群。

美国航母战斗群综合作战能力很高，拥有三大优势。一是纵深打击优势。美国航母舰载E－2C预警机可在距离航母370公里的空域连续值勤6小时，其机载雷达探测距离为300～700公里，可为舰队提供近30分钟的预警时间。二是多层攻防优势。美国航母战斗群除以舰载机作为主要攻击力量和防御力量外，还可集中战斗群中各护航舰艇携多种武器进行自身防御，从而形成多层次的攻防体系。三是电磁对抗优势。美国航母上配有专用的电子战飞机，舰载电子设备也较先进，加之有E－2C预警机在作战中作为空中指挥所对整个战术行动进行指挥协调，使得电子侦察、压制和干扰等各种电子战手段运用得当、相互协调、软硬兼施，与整个编队的攻防火力配系配合默契，牢牢控制战区的制电磁权。

▲ 美国航空母舰战斗群

航空母舰战斗群的战斗核心是航空母舰上的舰载机。其防空、反潜、反舰、对地攻击的作战任务主要由舰载机来执行和完成。由于航空母舰需要长期远离本土执行军事任务，所面临的环境复杂多变，航空母舰战斗群必须独立应对各种作战环境，难以得到本土的支撑和支援，因此航空母舰需搭载执行各种必要任务的舰载机。在这个前提下航空母舰搭载的飞机越多越好，越全越好。航空母舰必须要有足够的吨位，在满足机动性和战术性的前提下，尽可能建造大型的重型航空母舰。以美军重型航空母舰为例，它的一般舰载机配置是20架F-14雄猫战斗机，20架F/A-18C超级大黄蜂战斗攻击机，20架A-10或者A-7攻击机，10架S-3B反潜机，6~10架能够执行反潜任务的直升机，4架E-2C预警机和4架E-2B电子干扰机以及空中加油机，一般搭载飞机90架左右，具体配置根据战区状况变化。

根据美军的战机配置可以看出，舰队防空被放在了首要位置，除了20架F-14担任主要防空任务外，还有20架F/A-18同样具备空战能力。如此强大的战斗机群基本上可以满足四种状态。第一，攻击机以及其他作战飞机远航奔袭作战时，为攻击机群或其他任务飞机提供空中掩护和护航。第二，执行舰队所在海区一定范围内的空中巡逻任务，为舰队护航。第三，无论执行何种作战任务，总要有一定规模的战斗机处于战备值班状态，随时准备升空为舰队提供空中掩护，拦截突然来袭的空中目标。第四，保证部分战机以及空勤人员处于休整状态。

如果要达到这四种状态就必须要有足够数量的机群，必须要有足够数量的出击作战护

航机群，必须要有足够数量的巡逻警戒机群，必须要有足够数量的战备值班机群，还要保证一定规模的维护与休整。

航母战斗群仅次于舰队防空作用的是舰队的反潜作用。反潜作用同样需要满足四种状态，即远距离大范围的反潜巡逻，中距离的反潜巡逻，防止航空母舰战斗群所在海区被敌人的潜艇活动袭扰，同时满足战备值班和休整。

防空反潜既是独立的海战任务，也是航空母舰战斗群基本安全的组成部分。它在满足了航空母舰战斗群基本安全的条件下，为对地攻击和对舰攻击提供了保证，可以获得一定程度的、无后顾之忧的海战进攻条件。配合数量不等的攻击机，航母战斗群能够高效地完成对地、对舰的空袭任务。

尽管航母战斗群在相互配合下有着强大的整体实力，但航母战斗群在21世纪海战中的作用却处于辩论之中。航母战斗群的支持者认为航母战斗群能够提供无与伦比的火力与军事投射能力；反对者则认为航母战斗群在不断进步的火力舰与巡航导弹面前显得越来越脆弱（特别是有能力进行超音速飞行以及极度曲折飞行的航空装备，足以躲过反导系统的导弹）。反对者还认为，航母战斗群是为冷战设想设计的，在海岸控制方面较为无用。所以，航母战斗群在未来的应用范畴仍然值得思考。

▲ 美国航空母舰上的舰载机

▲ 中国“辽宁号”航空母舰

航空母舰

航空母舰，是一种以舰载机为主要作战武器，可以提供军用飞机起飞和降落的大型水面舰艇。在当今时代下，航空母舰已是现代海军不可或缺的利器，甚至成为一个国家综合国力的象征。目前，世界上一共有九个国家拥有航空母舰（现役），分别是中国、美国、俄罗斯、法国、意大利、英国、印度、巴西、泰国。在这九个国家中，美国的现役航母和法国的“戴高乐号航空母舰”是核动力航空母舰，其他七国的航母都为常规动力和传统动力航空母舰。

中国“辽宁号”航空母舰——中国人民解放军第一艘可以搭载固定翼飞机的航空母舰，简称“辽宁舰”，舷号16。2012年9月25日，“辽宁舰”在中国船舶重工集团公司大连造船厂正式交付于我国海军。

▲ 中国“辽宁号”航空母舰（16）

▲ 中国“辽宁号”航空母舰（16）

▲ 美国尼米兹级航空母舰首制舰——“尼米兹号”（CVN-68）

美国尼米兹级航空母舰——美国海军拥有的大型核动力航空母舰，是目前世界上吨位最大、载机最多、现代化程度最高、综合作战能力最强的一级航空母舰，共十艘，均由位于弗吉尼亚州纽波特的纽波特纽斯造船及船坞公司建造。

▲ 美国尼米兹级航空母舰二号舰——“艾森豪威尔号”（CVN-69）

▲ 美国尼米兹级航空母舰六号舰——“乔治·华盛顿号”（CVN–73）

▲ 美国尼米兹级航空母舰九号舰——“里根号”（CVN–76）

▲ 美国尼米兹级航空母舰十号舰——“布什号”（CVN-77）

俄罗斯“库兹涅佐夫号”航空母舰——俄罗斯第一艘真正意义上的航空母舰，也是俄罗斯唯一一艘航空母舰，现部署于俄罗斯北方舰队，舷号063。

▲ 俄罗斯“库兹涅佐夫号”航空母舰（063）

法国“戴高乐号”航空母舰——法国第一艘核动力航空母舰，也是法国现役唯一一艘航空母舰，于2001年5月服役，舷号R91。

▲ 法国“戴高乐号”航空母舰（R19）

意大利“加富尔号”航空母舰——意大利21世纪的第一艘新航母，将取代其“加里波底号”航空母舰。该舰于2001年开工建造，2004年7月在热那亚下水，造价约1.75万亿里拉，其中1400亿里拉用于后勤。该舰于2008年服役，拥有先进的作战、探测与防空自卫系统。

▲ 意大利“加富尔号”航空母舰

▲ 印度“维克拉玛蒂亚号”航空母舰

印度“维克拉玛蒂亚号”航空母舰——印度海军隶下的航空母舰。该舰原为俄罗斯海军的“戈尔什科夫海军上将号”航空母舰。1999年1月，印度与俄罗斯开始交涉。2004年俄罗斯将其卖给印度并展开改造工程，2013年11月16日交付给印度海军。

巴西“圣保罗号”航空母舰——巴西海军隶下的一艘轻型航空母舰，舷号A12。圣保罗号航空母舰原为法国海军克莱蒙梭级航空母舰二号舰“福煦号”，2000年退役，同年11月售予巴西。“圣保罗号”是第三世界国家历史上服役的第一艘中型航母。

▲ 巴西“圣保罗号”航空母舰（A12）

巡洋舰

巡洋舰是一种火力强、用途多，主要在远洋活动的大型水面舰艇。巡洋舰装备有较强的进攻和防御型武器，具有较高的航速和适航性，能在恶劣气候条件下长时间进行远洋作战。它的主要任务是为航空母舰和战列舰护航，或者作为编队旗舰组成海上机动编队，攻击敌方水面舰艇、潜艇或岸上目标。20世纪90年代以来，由于冷战结束，世界形势出现了裁军的趋势，巡洋舰又面临一次大的考验，两三万吨的大型巡洋舰和几千吨级的驱逐舰所用武器相差不大，巡洋舰的作战能力逐渐被驱逐舰所取代而淡出历史舞台，我国目前也已经不再发展和制造巡洋舰。当今世界，只有美国、俄罗斯、意大利和秘鲁四个国家拥有现役巡洋舰。

中国“致远”舰——穹甲防护巡洋舰，是中国北洋水师中航速最快的战舰，由英国阿姆斯特朗船厂建造，造价84.5万两白银，于1887年完工，当年11月归国。

▲ 中国“致远”舰

中国“靖远”舰——清政府通过出使英国大臣曾纪泽向英国阿姆斯特朗公司订造的高速穹甲巡洋舰，1887年建成，同年11月加入北洋水师，造价84.5万两白银，是致远舰的姊妹舰。

中国宁海级轻巡洋舰——宁海级轻巡洋舰是中华民国时期海军在抗日战争前向日本订购的最先进军舰，也是南京国民政府时期制造的最大型军舰，本级舰包括“宁海号”与姊妹舰“平海号”。

▲ 中华民国时期宁海级轻巡洋舰——“宁海号”

▲ 中华民国时期宁海级轻巡洋舰——“平海号”

美国提康德罗加级巡洋舰——美国海军的第一种正式使用宙斯盾的主战舰艇，配备以AN/SPY-1相控阵雷达为核心的整合式水面作战系统，为美国海军现役唯一一级巡洋舰，共27艘。在美国海军的作战编制上，该级舰作为航空母舰战斗群与两栖攻击战斗群的主要指挥中心，为航空母舰提供保护。身为航空母舰战斗群头号护卫兵力，配备宙斯盾系统的提康德罗加级巡洋舰提供了极佳的防空战力，使得航空母舰战斗群有充足的力量抵抗来自水面、空中、水下兵力的导弹攻击。此外，宙斯盾系统也具有极佳的反潜能力。

▲ 美国提康德罗加级巡洋舰——“提康德罗加号”（CG–47）

▲ 美国提康德罗加级巡洋舰——“莫比尔湾号”（CG–53）

▲ 美国提康德罗加级巡洋舰——“安提坦号”（CG-54）

▲ 美国提康德罗加级巡洋舰——“钱斯洛斯维尔号”（CG-62）

▲ 美国提康德罗加级巡洋舰——“葛底斯堡号”（CG-64）

▲ 美国提康德罗加级巡洋舰——“维拉湾号”（CG-72）

▲ 俄罗斯基洛夫级巡洋舰——“彼得大帝号”（099）

俄罗斯基洛夫级巡洋舰——二战结束后世界上建造的最大的巡洋舰。基洛夫级巡洋舰可以称为“海上武库”，舰载几乎涵盖所有海上作战武器系统。该级舰具有提供舰队防空和反潜，与敌方大型水面舰艇交战，包括打击大型航空母舰的能力。基洛夫级重型巡洋舰总共计划建造五艘，最后一艘因经费等诸多原因取消。目前，仅有“纳希莫夫海军上将号”和“彼得大帝号”保持作战能力，服役于俄海军北方舰队。

▲ 俄罗斯基洛夫级巡洋舰——“纳希莫夫海军上将号”（080）

意大利维托里奥·维内托级导弹巡洋舰——意大利仅有的巡洋舰，由意大利造船集团建造，于20世纪60年代末入役。

▲ 意大利维托里奥·维内托级导弹巡洋舰（C550）

秘鲁“格劳海军上将号”巡洋舰——目前世界上最老的在役舰只之一。它于1939年由荷兰建造，1944年下水，直到1953年才作为防空巡洋舰编入现役。1973年秘鲁购进该舰，并于1985至1988年进行耗资1.4亿美元的大修和改装，在当时是作战能力较强的导弹巡洋舰。今天，它已是有70多年舰龄的老一代战舰，即将退出现役走进历史。

▲ 秘鲁“格劳海军上将号”巡洋舰

驱逐舰

驱逐舰是一种多用途的军舰，也是19世纪90年代至今海军重要的舰种之一。现代驱逐舰装备有防空、反潜、对海等多种武器，既能在海军舰艇编队中担任进攻性的突击任务，又能承担作战编队的防空、反潜护卫任务，还可在登陆、抗登陆作战中担任支援兵力，以及巡逻、警戒、侦察、海上封锁和海上救援等任务。它是海军舰队中突击力较强的中型军舰之一。其主要职责以护航为核心，同时拥有侦察、巡逻、警戒、布雷、袭击岸上目标等能力。由于作战职能广泛，驱逐舰已成为现代海军舰艇中用途最广的舰艇。

中国052型驱逐舰——中国人民解放军海军隶下的多用途导弹驱逐舰，于20世纪80年代末开始建造，被视为中国自行研制的第二代导弹驱逐舰，共两艘，分别为“哈尔滨号”（112）、“青岛号”（113），其中“哈尔滨号”被誉为“中华第一舰”。

▲ 中国052型驱逐舰——“哈尔滨号”（112）

▲ 中国052型驱逐舰——“青岛号”（113）

中国051C型导弹驱逐舰——中国最新的防空导弹驱逐舰之一，由大连造船厂制造。该级舰的第一艘“沈阳号”（115）于2006年底加入北海舰队。第二艘“石家庄号”（116）于2008年底加入北海舰队。

▲ 中国051C型导弹驱逐舰——“沈阳号”（115）

▲ 中国051C型导弹驱逐舰——“石家庄号”（116）

中国052C型驱逐舰——又称兰州级驱逐舰，是中国人民解放军海军的新一代防空驱逐舰。首舰“兰州号”（170）是中国海军第一艘安装四面有源相控阵雷达以及采用防空导弹舰载垂直发射系统的战舰，被外界称为“中华神盾”。当前，052C型共有4艘建成服役，另有数艘同级舰在建。

▲ 中国052C型驱逐舰——“兰州号”（170）

▲ 中国052C型驱逐舰——“海口号”（171）

中国052D型驱逐舰导弹驱逐舰——中国人民解放军海军继052C型防空导弹驱逐舰之后的一种最新的多用途驱逐舰，满载排水将超过7000吨。强大的作战性能使它极有可能成为中国航母编队的重要组成部分。首舰“昆明号”（172）导弹驱逐舰于2014年3月21日举行入列仪式，正式加入人民海军战斗序列。

▲ 中国“052D”型驱逐舰——“昆明号”（172）

美国阿利·伯克级驱逐舰——美国海军隶下的现役驱逐舰，为美国海军主力舰艇。该级舰以宙斯盾战斗系统SPY-1D被动相控阵（无源电子扫描阵列）雷达，结合MK-41垂直发射系统，是世界上最先配备四面相控阵雷达的驱逐舰。

▲ 美国阿利·伯克级驱逐舰——“阿利·伯克号”（DDG-70）

▲ 美国阿利·伯克级驱逐舰——“奥凯恩号”（DDG-77）

▲ 美国阿利·伯克级驱逐舰——“莫姆森号”（DDG-92）

▲ 美国阿利·伯克级驱逐舰——“迈克尔·墨菲号”（DDG-112）

英国45型驱逐舰——英国皇家海军隶下的新一代防空导弹驱逐舰。该级舰围绕PAAMS导弹系统，配备性能优异的桑普森相控阵雷达和S1850M远程雷达，并划时代地采用了集成电力推进系统，使得该级舰成为世界上现役最新锐的驱逐舰之一，现役共六艘。

▲ 英国45型驱逐舰首制舰——“勇敢号”（D32）

▲ 英国45型驱逐舰四号舰——“飞龙号”（D35）

韩国世宗大王级驱逐舰——具备强大区域防空能力的大型防空驱逐舰。该级舰共三艘，舰体配备宙斯盾战斗系统，整合了AN/SPY-1D相控阵雷达，满载排水量超过万吨。目前韩国政府采购的三艘同级舰，分别由现代重工业和大宇建船及海洋工程集团建造，三艘舰分别于2008年、2010年、2012年正式服役。

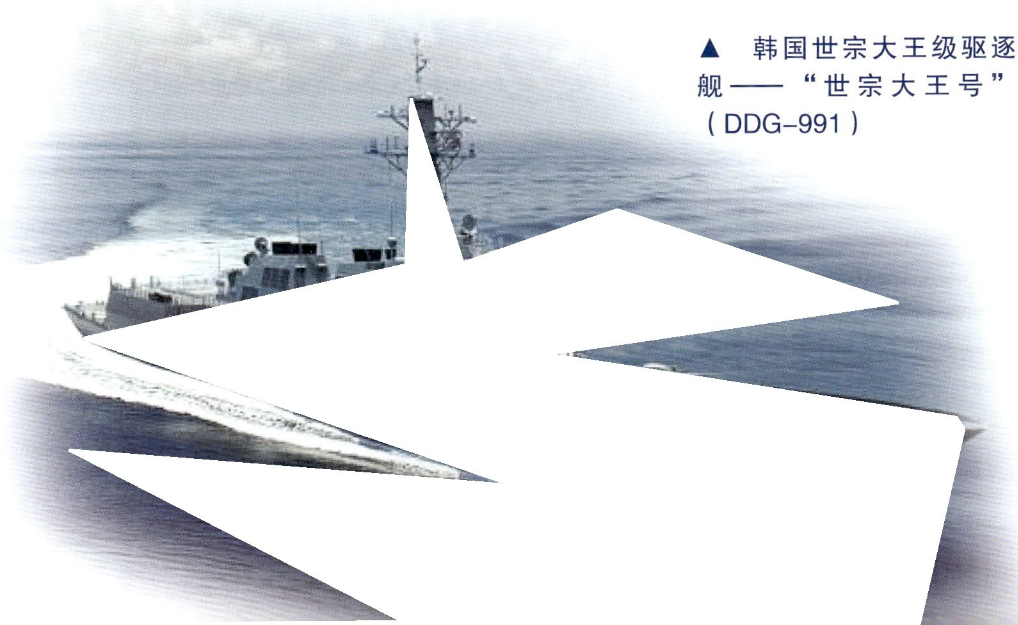

▲ 韩国世宗大王级驱逐舰——“世宗大王号”（DDG-991）

▲ 韩国世宗大王级驱逐舰——“栗谷李珥号”（DDG-992）

日本爱宕级驱逐舰——是日本在金刚级驱逐舰的基础上开发的日本版阿利·伯克级驱逐舰FlightⅡA构型。该级两艘舰分别于2007年3月15日与2008年3月13日交舰成军。服役之后的爱宕级驱逐舰成为西太平洋各国海军吨位最大的防空驱逐舰，直到韩国海军的世宗大王级驱逐舰服役时才被打破。

▲ 日本爱宕级驱逐舰——“爱宕号”（DDG-177）

▲ 日本爱宕级驱逐舰——“足柄号”（DDG-178）

护卫舰

护卫舰是以导弹、中小口径舰炮、水中武器（鱼雷、水雷、深水炸弹、反潜火箭弹等）为主要武器的中型战斗舰艇。它可以执行护航、反潜、防空、侦察、警戒巡逻、布雷、支援登陆和保障陆军濒海翼侧等作战任务，曾被称为护航舰或护航驱逐舰。在现代海军编队中，护卫舰是在吨位和火力上仅次于驱逐舰的水面作战舰只，但其吨位较小，自持力较驱逐舰弱，远洋作战能力逊于驱逐舰。护卫舰和巡洋舰、驱逐舰一样，也是一个传统的海军舰种，是当代世界各国建造数量最多、分布最广、参战机会最多的一种中型水面舰艇。

中国054型护卫舰——中国人民解放军海军第一代具有隐身外形和远洋作战能力的护卫舰。首舰于1999年12月在上海沪东厂开工，2003年9月11日下水，命名为“马鞍山号”（525）；二号舰由广州黄埔厂建造，在2003年11月6日下水，命名为“温州号”（526）。

▲ 中国054型护卫舰——“马鞍山号”（525）

▲ 中国054型护卫舰——“温州号”（526）

中国054A型护卫舰——中国人民解放军海军最新型的护卫舰。首舰“徐州号”（530）于2006年9月30日在广州黄埔造船厂下水，于2008年服役。该级舰外形设计简洁洗练，防空、反舰、反潜配置均衡。就数量而言，该级舰将成为中国新一代舰队组成的骨干，其适航性与作战能力都优于过去中国海军主力的051型驱逐舰。

▲ 中国054A型护卫舰——“徐州号”（530）

▲ 中国054A型护卫舰——“黄山号”（570）

▲ 中国054A型护卫舰——“衡水号”（572）

▲ 中国“054A”型护卫舰——“潍坊号”（550）

美国佩里级护卫舰——该级舰是美国海军现役唯一一种护卫舰，起源于美国海军在20世纪70年代起执行的SCB261设计案，是为了改变当时美国海军各类专业护航非主力舰各行其事的杂乱现象。截至2013年3月，该级舰短舰体型已完全除役，长舰体型仍有十二艘同级舰在美国海军、五艘在美国海军后备部队服役。

佩里级护卫舰的后继者是多功能濒海战斗舰(LCS)，吨位比佩里级稍低，同样是低成本、大量建造的次等护航舰，但在理念以及基本设计上都截然不同，LCS已经不再是以反潜任务为主的传统护航舰艇，而是采取攻势作为在交战前线濒海区域附近活动的作战舰艇。

▲ 美国佩里级护卫舰——“考夫曼号”（FFG-59）

▲ 美国佩里级护卫舰——“因格朗号”（FFG-61）

▲ 美国“自由号”濒海战斗舰（LCS-1）

▲ 美国“沃斯堡号”濒海战斗舰（LCS-3）

▲ 美国“独立号”濒海战斗舰（LCS-2）

俄罗斯20380型护卫舰——也被称为守护级护卫舰，俄罗斯海军隶下的多用途轻型导弹护卫舰。该级舰承担水面巡逻、查缉非法与反渗透侵入的任务，可用雷达等电子装备侦测、监视周遭的海面与空域，是俄罗斯在冷战之后执行的第一个护卫舰建造计划。

▲ 俄罗斯20380型护卫舰——“守护号”（530）

瑞典维斯比级护卫舰——由于瑞典奉行中立政策，以防止外力入侵为第一要务，所以瑞典海军将其以巡逻舰编制入列，也将其称之为YS-2000型巡逻舰。该级舰是世界上第一种以复合材料取代钢材作为舰体的海上舰艇之一，不仅在各种讯号的抑制上采用了最先进的技术与最极端、彻底的隐身手段，更致力于降低舰上装备对雷达隐身性能可能产生的破坏，使得该级舰成为世界全面隐身舰艇的先驱。

▲ 瑞典维斯比级护卫舰——“维斯比号”（K-31）

▲ 瑞典维斯比级护卫舰——
“尼雪平号”（K-34）

西班牙F-100级宙斯盾护卫舰——西班牙海军先后建造了四艘先进的F-100级防空型护卫舰，该级护卫舰是世界上第一种安装美制“宙斯盾”的护卫舰。单从防空能力来讲，是欧洲性能最强的防空型护卫舰，具有区域反导侦测能力。

▲ 西班牙F-100级宙斯盾护卫舰——“艾尔瓦洛·迪巴赞号”（F101）

德国萨克森级护卫舰——德国联邦国防军海军隶下的多用途防空护卫舰。该级舰是迎合海上作战发展形势建造的最新型护卫舰，装备性能一流的APAR主动相控阵雷达，防空作战性能突出，充分采用先进的计算机控制技术，可以称为数字化战舰。该级舰是德国海军最大的水面舰艇，也是德国海军第一次采用模块化设计的舰艇。

▲ 德国萨克森级护卫舰——“萨克森号”（F219）

南非勇猛级护卫舰——南非海军主要水面舰艇，共四艘其中两艘在德国汉堡建造，另外两艘在基尔建造。

▲ 南非勇猛级护卫舰——“SAS Amatola号”（F-145）

登陆舰

登陆舰指的是能运送登陆部队、坦克、车辆及火炮等武器装备，并能在敌岸滩头直接登陆的中型舰艇，又称两栖舰艇。它是为输送登陆兵及其武器装备，补给品登陆而专门制造的舰艇。它包括多种不同类型的舰艇，如船坞登陆舰、两栖攻击舰等。

船坞登陆舰——可承载两栖登陆船、两栖坦克和气垫船的战舰。船舱是半吃水状态以方便两栖登陆船、两栖坦克和气垫船的进出，就像船坞一样。其作战方式主要以承载为主，将参与两栖攻击的两栖登陆船、两栖坦克或气垫船送至距离海岸线最佳的位置。由于船坞登陆舰一般都比较大（万吨以上），因此可作为海上两栖攻击临时基地，为滩头补充弹药和给养。船坞登陆舰上的武器一般以防空武器为主，必要时也可以对滩头进行射击。

两栖攻击舰——在敌方沿海地区进行两栖作战时，在战线后方提供空中与水面支援的军舰。这种军舰由直升机航空母舰发展而来，但是大部分也结合了船坞登陆舰的坞舱设计，可装载登陆艇。且相对于多数航空母舰，不少两栖攻击舰可拥有更密集的自身防护武器，不一定需要护卫舰队保护。由于两栖攻击舰是现代军舰里大小与排水量仅次于航空母舰的舰型，因此对于未拥有航空母舰的国家，或在没有配置航空母舰的舰队中，两栖攻击舰往往会成为舰队旗舰。

中国071型船坞登陆舰——中国人民解放军海军隶下的大型多功能两栖船坞登陆舰，可作为登陆艇的母舰，用以运送士兵、步兵战车、

▲ 中国071型船坞登陆舰——“昆仑山号”（998）

主战坦克等展开登陆作战，也可搭载两栖车辆，具备大型直升机起降甲板及操作设施。071型两栖登陆舰是中国首次建造的万吨级作战舰艇，也可以说是中国万吨级以上大型作战舰艇的试验之作，该舰的建造使中国海军的两栖舰船实力有了质的提升。

▲ 中国071型船坞登陆舰——“井冈山号”（999）

▲ 中国071型船坞登陆舰——“长白山号”（989）

美国圣安东尼奥级船坞登陆舰——美国海军隶下的于21世纪初建造服役的新型多功能两栖船坞登陆运输舰。该级舰是美国海军新锐主力之一，整合了坦克登陆舰、货物运输舰、船坞登陆舰和船坞运输舰的功能。

▲ 美国圣安东尼奥级船[illegible]陆舰——“圣安东尼奥号”（LPD-17）

▲ 美国圣安东尼奥级船坞登陆舰——“新奥尔良号”（LPD-18）

▲ 美国圣安东尼奥级船坞登陆舰——“纽约号”（LPD-21）

▲ 法国闪电级船坞登陆舰——“闪电号”（L9011）

法国闪电级船坞登陆舰——用于装甲部队登陆和支援法国海军迅速部署的海军力量。法国海军目前拥有两艘该级船坞登陆舰，第一艘“闪电号”（L9011），在1990年正式服役；第二艘“热风号”（L9011），在1998年正式服役。两艘闪电级登陆舰全部在位于布雷思特的法国舰艇建造局海军造船厂建造，被分配到法国战斗海军土伦基地地中海司令部。

▲ 法国闪电级船坞登陆舰——“热风号”（L9012）

意大利圣·乔治级船坞登陆舰——意大利海军和意大利内政部隶下的两栖船坞登陆舰。该级舰是全世界第一种也是仅有的两种（另一种为日本的大隅级登陆舰）采用类似航空母舰的全通式飞行甲板构型的船坞登陆舰之一。服役后，它成为意大利海军支援两栖登陆作战的核心力量。

▲ 意大利圣·乔治级船坞登陆舰（L9892）

美国黄蜂级两栖攻击舰——美国海军隶下的以直升机和STOVL战机为主要作战武器，配备船坞的多功能两栖攻击舰。黄蜂级攻击舰几乎能运输一整支美国海军陆战队远征部队，并通过登陆艇或直升机在敌方领土纵深或前沿作战，是美国海军第一种使用整合式电力推进系统的作战舰艇。

▲ 美国黄蜂级两栖攻击舰——“博克瑟号”（LHD-4）

▲ 美国黄蜂级两栖攻击舰——“巴丹号”（LHD-5）

▲ 美国黄蜂级两栖攻击舰——“硫磺岛号”（LHD-7）

▲美国“蓝岭号”两栖指挥舰（19）

美国“蓝岭号”两栖指挥舰——美国海军海上综合作战指挥能力最强的战舰，为第七舰队的旗舰。1967年2月27日动工建造，1969年1月4日下水，1970年11月14日服役。它是二战以来设计的最大的指挥舰。在两栖作战中，它能提供海、空、陆综合指挥控制设施。

法国西北风级两栖攻击舰——法国海军现役最新型两栖攻击舰，也是法国海军两栖作战与远洋投送的主力。法国海军至今拥有三艘该级舰。2009年，俄罗斯决定从法国购买四艘西北风级两栖攻击舰，该级舰亦成为当代俄罗斯海军获得的第一种外国军舰，同时也是俄罗斯国防部最大一笔海外军购。2013年10月15日，俄罗斯西北风级两栖攻击舰首舰“符拉迪沃斯托克号”在位于大西洋海岸的法国圣纳泽尔市举行下水仪式。

▲法国西北风级两栖攻击舰——“西北风号”（L-9013）

英国“海洋号”两栖攻击舰——英国皇家海军隶下的直升机两栖攻击舰，舷号L12，为现皇家海军唯一的直通甲板两栖舰，单舰成级。

▲ 英国“海洋号”两栖攻击舰（L-12）

韩国“独岛号”两栖攻击舰——韩国海军第一艘全通甲板式两栖攻击舰，舰号6111，2005年7月下水，2007年7月服役。

▲ 韩国“独岛号”两栖攻击舰（6111）

日本大隅级登陆舰——日本将其定义为运输舰。该级舰的建造始于20世纪90年代初日本柬埔寨维和行动之后的“海外派遣部队输送母舰计划”。

▲日本大隅级登陆舰——“大隅号”（LST-4001）

导弹艇

导弹艇又称导弹快艇，是海军中的一种小型战斗舰艇。因为它装有导弹武器，使其具有巨大战斗威力。导弹艇自20世纪50年代末问世以来，在第三次中东战争及其以后的局部战争中得到广泛运用，战果显赫，为越来越多的国家所重视。

中国红箭级导弹艇——红箭级导弹艇采用的是常规排水艇型，舰艏外飘，方尾结构，水线下装有减摇鳍，可在很大程度上增强其航行的稳定性，并可在高海况条件下为艇载武器及人员提供稳定的发射及活动平台。

▲中国红箭级导弹艇——“顺德艇”（771）

▲ 中国“红箭级”导弹艇——“南海”艇（772）

中国022型导弹艇——2004年4月上海江南造船厂所建造的新一代中国人民解放军海军导弹快艇。022型快艇是全世界第一种采用高速穿浪式设计的导弹快艇，除了在隐身化设计的主桅上设有侦搜雷达和航海雷达外，在舰顶还设有光电射控系统，它是在中国海军近海防御战略指导下，发展出的近海导弹快艇里程碑式的型号。

▲ 中国022型导弹艇

日本隼级导弹艇——日本海上自卫队隶下的一型泵喷射推进系统高速导弹快艇。该级艇是海上自卫队1986年至1990年间执行的“中期防卫力整备计划”中九艘地方队导弹快艇建造计划产物。隼级导弹艇的建造价格十分高昂，平均每艘价格为7000万美元左右。

▲ 日本隼级导弹艇——“隼号”（PG-824）

▲ 日本隼级导弹艇——“大鹰号”（PG-826）

▲ 日本隼级导弹艇——“白鹰号”（PG-829）

芬兰哈米纳级隐身导弹艇——该级艇是芬兰1996年开始建造的，首艇“哈米纳号”于1998年8月24日服役。哈米纳级导弹艇是芬兰海军现役最先进的导弹快艇。从外观上看，它在设计上具有较多的优点，从船体到上层结构都高度整合，力避侧面锐角，而且十分注意抑制红外信号，显示出很好的隐身效果。尤其是它采用新型涂料涂饰与北欧海陆复杂地形相谐的峡湾迷彩，具备了极佳的隐形特性。

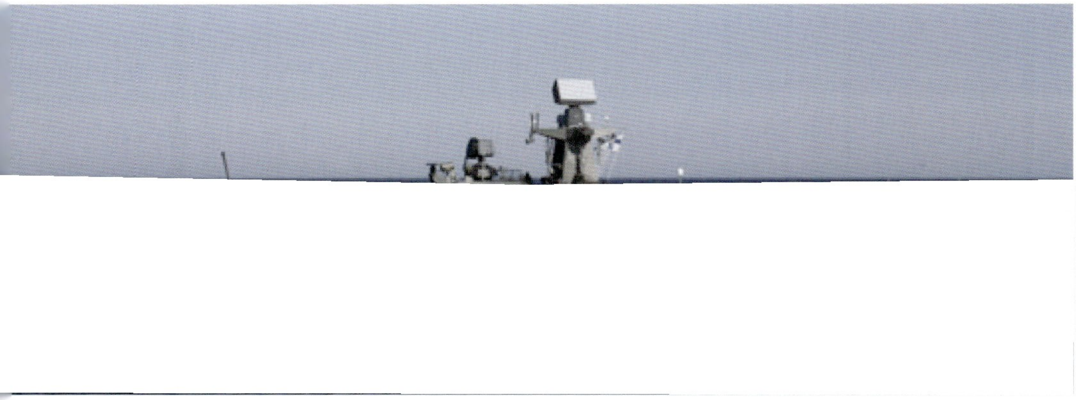

▲ 芬兰哈米纳级隐身导弹艇

挪威盾牌级导弹艇——挪威新型隐身导弹艇，该级艇全由挪威自主设计，采用划时代半气垫船、半双体船设计方式，吃水仅1米，不但适合沿岸作业，还能避过一些大型水雷，可以和挪威的Hauk级巡逻艇一起执行任务互相弥补不足。

▲ 挪威盾牌级导弹艇

扫雷舰/猎雷舰

扫雷舰——海军水面舰艇的一种，专门用来清扫海中的水雷，以保护船只航行航道安全。扫雷舰一般属于第二线的作战舰艇，船上的武装以自卫为主。扫雷舰的作业方式是在疑似有水雷出现的海域来回航行，利用舰上的扫除设备清除与引爆水雷。扫雷舰与猎雷舰作业型态最大的差异是扫雷舰不会先侦测个别水雷的位置，因此扫雷舰在清除过程中航行的路线与涵盖的范围就很重要，以确保清除过的水域没有危险。

猎雷舰——鉴于扫雷舰进行扫雷作业时扫雷具布放复杂、费时，扫雷作业持续时间较长，舰艇本身面临较大的危险性，因此为了更有效、更安全地进行反水雷作业，出现了一种新的反水雷舰艇，这就是猎雷舰艇。猎雷舰艇与扫雷舰艇相比，在清除非触发沉底雷方面，摆脱了使用扫雷具必须模拟水雷所需各种舰船物理场的被动局面，使得反水雷的方法和装备都有了很大突破。但是，由于它只能逐个消灭水雷，在使用上仍有局限性，所以猎雷舰艇还不能完全取代扫雷舰艇，而只能作为现有扫雷舰艇的一种补充。

中国081型扫雷舰——中国海军建造的一款新型近海扫雷舰。该型舰属于基地扫雷舰，最大排水量996吨，具有隐蔽性能好、续航力长、扫雷精度高等特点，能昼夜扫除多种水雷。

▲中国081型扫雷舰——“张家港号”（805）

美国复仇者猎/扫雷舰——第二次世界大战之后，美国海军

▲ 中国081型扫雷舰——“靖江号”（810）

▲ 中国081型扫雷舰——“常熟号”（843）

一度忽视了反水雷舰艇的建造与使用，以致在局部海战和冲突中吃亏不小。20世纪70年代末，美国海军决定加强反水雷舰艇的研制，复仇者级猎/扫雷舰就是其中一级。作为一级较新型的远洋深水反水雷舰，复仇者级猎/扫雷舰有许多独到之处。该舰舰体采用多层木质结构，且外板表面包有浸以环氧树脂的多层玻璃纤维，船体具有高强度、耐冲击、抗磨擦等特点。舰上的诸多设备和部件采用铝合金、铜等非磁性材料。

▲ 美国复仇者级猎/扫雷舰——“防御者号”（MCM-2）

▲ 美国复仇者级猎/扫雷舰——“复仇者号”（MCM-1）

▲ 美国复仇者级猎/扫雷舰——“勇士号”（MCM–10）

▲ 美国复仇者级猎/扫雷舰——“船长号”（MCM–14）

法国、荷兰、比利时三伙伴级猎雷舰——法国、荷兰、比利时三国由于地理位置和环境大致相同，面临的反水雷任务也基本相似，因而在20世纪70年代中期，三国决定共同研制一级猎雷舰。其中法国负责猎雷系统，荷兰负责主推进系统，比利时则包下了全部电气设备。三伙伴级猎雷舰主要用于搜寻和排除沉底水雷和锚雷，也可用于巡逻、训练，还可作为遥控扫雷艇母舰、潜水作业母船和污染控制母船。

▲ 法国三伙伴级猎雷舰——“仙后座号”（M642）

▲ 法国三伙伴级猎雷舰——“仙女座号”（M643）

▲ 荷兰三伙伴级猎雷舰——“米德尔堡号”（M858）

▲ 荷兰三伙伴级猎雷舰——“斯希丹号”（M860）

▲ 比利时三伙伴级猎雷舰——“半边莲号”（M921）

日本浦贺级扫雷支援舰——浦贺级扫雷支援舰是目前日本海上自卫队中吨位最大的扫雷舰，可以承担远洋扫雷等作战任务。浦贺级首舰“浦贺号”（MST-463）于1995年在日立造船公司舞鹤造船厂开工，1997年3月19日服役。第二艘“丰后号”（MST-464）于1997年4月24日在三井造船公司玉野造船厂下水，1998年3月服役。目前仅有以上两艘在役。

▲ 日本浦贺级扫雷支援舰——“浦贺号”（MST-463）

▲ 日本“浦贺级”扫雷支援舰——“丰后号”（MST-464）

战斗舰艇之潜艇

潜艇也称潜水船，是能够在水下运行的舰艇。自第一次世界大战后，潜艇得到广泛运用，充当许多大国海军的重要位置，其功能包括攻击敌人军舰或潜艇、近岸保护、突破封锁、侦察和掩护特种部队行动等。潜艇有多种分类方法，按动力划分，可分为常规动力潜艇和核动力潜艇；按用途划分，可分为攻击型核潜艇、弹道导弹潜艇、巡航导弹潜艇、特种潜艇等，也可分为战略潜艇、战术潜艇、特种潜艇等；按排水量可分为大型潜艇、中型潜艇、小型潜艇和袖珍潜艇。本部分主要介绍潜艇中的常规动力潜艇以及核动力潜艇中的攻击型核潜艇、弹道导弹核潜艇和巡航导弹核潜艇。

常规动力潜艇

常规动力潜艇是用柴油机作为动力源，边航行边带动发电机给电池充电的潜艇。 由于柴油机工作需要大量的氧气，因此只有在水面状态、半潜状态和通气管状态航行时才能充电。它可以不依赖其他兵种的支援，长期在海上活动，进行独立作战，具有很大的威慑性。但常规潜艇也存在航速低，通气管航行状态充电时易暴露自己和自卫能力差等缺点。第二次世界大战后，各国海军均把发展潜艇放在重要地位。由于常规潜艇具有噪音小、价格低、建造周期短、可以在浅海区域活动的特点，因此更适于沿海作战。

中国元级常规动力潜艇——该级首艇于2004年5月31日下水，采用超大直径高强度耐压壳体，在动力上采用更小型、机动性和战斗力更强的燃料电池AIP。另外在艇体表面局部安装了新型的玻璃纤维消声瓦，使得中国大陆的战略纵深和安全线至少得以向外推进1000公里。

▲ 中国元级常规动力潜艇

▲ 中国元级常规动力潜艇

日本苍龙级常规动力潜艇——日本海上自卫队现役最新锐的潜艇类型。该级潜艇沿用叶卷型舰型以及单/双壳复合构造，但全长增加至84米，舷宽也略增为9.1米，潜航排水量为4200吨左右，成为全世界排水量最大的常规动力潜艇。

▲ 日本苍龙级常规动力潜艇

▲ 日本苍龙级常规动力潜艇

德国214级常规动力潜艇——214级潜艇是德国在畅销全球的209级潜艇基础上设计出来的新一代潜艇。该潜艇继承了德国霍瓦兹德意志船厂生产出来的潜艇的所有优点，同时还吸取了多年来在建造209级潜艇过程中积累的经验和教训，目前已经出口多国。

▲ 德国214级常规动力潜艇

▲ 德国214级常规动力潜艇

▲ 俄罗斯基洛级常规动力潜艇

俄罗斯基洛级常规潜艇——该级艇是原苏联海军时代研制的最成功的常规潜艇，主要用于在近海浅水区域进行反舰与反潜作战，是目前俄罗斯出口量最大的潜艇等级。以火力强大、噪音小而闻名。

瑞典哥特兰级常规动力潜艇——瑞典现役的哥特兰级常规动力潜艇于1990年开始设计，首艇于1992年11月20日开工建造。1995年2月2日“哥特兰号”的下水，标志着常规动力潜艇技术取得了具有历史意义的突破性进展。它是世界上第一批装备AIP技术的常规动力潜艇。瑞典海军共装备了三艘该级潜艇。艇上所有重要设备均安装了减振装置，重要舱室也采取了隔振措施。舱室均通过橡胶隔振器与艇体相连接，这样既可使重要设备和舱室尽量避免艇外巨大冲击力的破坏与干扰，又能降低艇内辐射噪声的传递。

澳大利亚科林斯级常规动力潜艇——科林斯级常规动力潜艇是澳大利亚建造的最新一级潜艇，其首艇于1995年服役，至1999年共建六艘。该级潜艇并不是由澳大利亚本国设计的，而是由瑞典久负盛名的考库姆造船公司设计并参与建造的，其性能、武器威力、安静性和自动化水平都属世界先进水平。

▲ 澳大利亚科林斯级常规动力潜艇

以色列海豚级常规动力潜艇——以色列海军的柴电动力常规动力潜艇，由德国基尔的哈德威造船厂所设计的一项新型潜艇，并由哈德威造船厂和蒂森北海工厂共同负责造舰工程，用于取代Gal级潜艇。海豚级潜艇的特色在于多了一段可供两栖特战人员进出的舱段，并装载了潜水推送器用以执行输送特种部队的任务。

▲ 以色列海豚级常规动力潜艇

荷兰海鳝级常规动力潜艇——海鳝级潜艇（也有翻译为海鳗级潜艇）是鹿特丹船坞公司和荷兰联合造船设计局最新技术的结晶，它是一种远洋作战潜艇，作战半径为1000～2000海里。该级潜艇研制工作始于20世纪80年代中期，资金来源于荷兰国防部和财政部对海军海象级潜艇的拨款。

▲ 荷兰海鳝级常规动力潜艇

核动力潜艇之攻击型核潜艇

攻击型核潜艇是没有装备战略核导弹,不用于执行战略核打击任务，而主要以各种常规弹头的潜射战术武器为主要武器，用于执行搜索、护航和攻击等任务的核潜艇。与之区别的是弹道导弹核潜艇，即装备战略核导弹，主要用于执行战略核打击任务的核潜艇，为战略导弹潜艇、航母战斗群或海上机动编队扫清航道，以及发挥战略战役侦察、海上护航、破坏敌方交通线等作用。攻击型核潜艇，主要分布在中、美、俄、英、法这五个国家。此外，印度的“歼敌者号”核潜艇于2009年7月在该国东部的一个海军基地下水，令印度成为世界第六个拥有核潜艇的国家。

中国091型攻击型核潜艇——中华人民共和国研制的第一型核潜艇，1970年起陆续建成服役，共建造五艘，部署在中国人民解放军海军北海舰队。目前该型艇仍有三艘在役。

▲ 中国091型攻击型核潜艇

▲ 中国091型攻击型核潜艇

美国弗吉尼亚级攻击型核潜艇——美国海军第一级同时针对大洋和濒海两种功能设计的核潜艇，同时也是一种取代冷战时代海狼级核潜艇的方案，均由纽波特纽斯造船公司、通用动力电船公司联合建造。

▲ 美国弗吉尼亚级攻击型核潜艇

▲ 美国弗吉尼亚级攻击型核潜艇

俄罗斯亚森级攻击型核潜艇——俄海军自苏联解体后研制并装备的第一级攻击型核潜艇。亚森级核潜艇是用来替代奥斯卡巡航导弹核潜艇和阿库拉级攻击核潜艇的新一代多功能静音核潜艇。亚森级核潜艇在西方军事界被称为“世界最先进攻击核潜艇”。未来，它将和北风之神级核潜艇一起，构成俄罗斯海军力量的核心。

▲ 俄罗斯亚森级攻击型核潜艇

英国机敏级攻击型核潜艇——英国皇家海军隶下的最新一级战术攻击核潜艇。该艇舰体基本设计大致上与之前的特拉法加级类似，但长度与宽度有所增加，潜航排水量增加到7400吨左右，以搭载更强大的动力系统与更多武器。

▲ 英国机敏级攻击型核潜艇

核动力潜艇之弹道导弹核潜艇

弹道导弹核潜艇是以洲际弹道导弹为主要武器的核动力潜艇，又称为战略核潜艇或战略导弹核潜艇。世界上仅有少数国家拥有弹道导弹潜艇，曾经苏联最多，其次是美国，英、法、中三国也拥有弹道导弹潜艇。

弹道导弹潜艇除前苏联第一代潜艇外，其余均为核动力推进。弹道导弹核潜艇归海军建制和指挥，但战略性调防、部署和导弹发射的批准权限在国家最高指挥当局。弹道导弹核潜艇与陆基弹道导弹和战略轰炸机一起构成国家“三位一体”的战略核力量。因此，平时主要游弋于水下，对敌实施战略核威慑；战时作为高生存力的核反击力量，负责摧毁敌岸基战略目标，政治经济高度集中的大中城市，主要交通枢纽和通信设施，大型军事基地和港口等重要目标。

俄罗斯北风之神级核潜艇——由俄罗斯红宝石设计局设计，属于俄罗斯第四代弹道导弹潜艇。经16年的推迟，北风之神级首艇“尤里多尔戈鲁基号”于2013年于1月10日正式服役。截至2014年12月19日，该级核潜艇已经服役三艘。

美国俄亥俄级弹道导弹核潜艇——该级艇堪称是冷战时期核能潜艇的代表作。原本美国海军预计建造24艘该级核潜艇，但在1991年美苏签署的第二次战略武器缩减条约(START-2)中，苏联将美国的核打击力量焦点放于俄亥俄级潜艇上，因此该级舰建造计划中的最后六艘遭到取消。到了2000年，18艘俄亥俄级艇已经是美国海军全部的弹道导弹核潜艇。

▲ 美国俄亥俄级弹道导弹核潜艇

▲ 美国俄亥俄级弹道导弹核潜艇

法国凯旋级弹道导弹核潜艇——法国是世界上唯一的先发展战略弹道导弹核潜艇后发展攻击型核潜艇的国家。至1985年，法国共建造了六艘弹道导弹核潜艇。由于它们的服役期很长，所以从1991年12月开始退役。为代替老旧的弹道导弹核潜艇，法国于1981年7月开始发展第三代凯旋级弹道导弹核潜艇。该级艇共建造四艘，分别为凯旋号“鲁莽号”“警醒号”和“猛烈号”。

▲ 法国凯旋级弹道导弹核潜艇

▲ 法国凯旋级弹道导弹核潜艇

英国前卫级弹道导弹核潜艇——英国20世纪80年代研制的第二代战略核潜艇，采用了英国首创的泵喷射推进技术，有效降低了辐射噪声，安静性和隐蔽性尤为出色。潜艇外表覆盖均匀的吸声涂层，光导发光潜望镜是其新特征。该级舰首艇于1986年开工，1993年服役，共建成四艘。

▲ 英国前卫级弹道导弹核潜艇

▲ 英国前卫级弹道导弹核潜艇

核动力潜艇之巡航导弹潜艇

巡航导弹潜艇是一种以飞航导弹为主要攻击力量的攻击型潜艇。在冷战中东西方阵营都有飞航导弹潜艇这个潜艇类型，但其作战任务是截然不同的。西方的飞航导弹潜艇主要装备巡航导弹，可以作为二次核打击力量或者战术打击力量的一部分。而俄罗斯的飞航导弹潜艇则装备反舰导弹，以攻击航母战斗群等水面战舰为主。

▲ 俄罗斯奥斯卡级巡航导弹潜艇

▲ 俄罗斯奥斯卡级巡航导弹潜艇

俄罗斯奥斯卡级巡航导弹潜艇——俄罗斯海军第三代巡航导弹核潜艇，为俄罗斯海军所特有，主要用于对付航母编队及大型舰船。奥斯卡级首艇于1980年下水，前两艘称奥斯卡Ⅰ型（O－Ⅰ型），第三艘以后称奥斯卡Ⅱ型（O－Ⅱ型）。至1996年，两艘奥斯卡Ⅰ型全部退役，目前在役的有“奥斯卡”Ⅱ型十艘。

美国俄亥俄级巡航导弹潜艇（改装型）——根据美俄达成的削减进攻性战略武器条约，从2002年起，美国战略导弹潜艇的数量将被限制在十四艘。但美国海军并不准备让其中的四艘俄亥俄级核潜艇退出

▲ 美国俄亥俄级巡航导弹潜艇

现役，因此决定将它们改装成可以实施巡航导弹攻击的核潜艇。四艘实施巡航导弹攻击和特种作战能力改装的俄亥俄级核潜艇分别“俄亥俄号”“密执安号”“佛罗里达号”以及“佐治亚号”，每艘核潜艇经过改装之后，均能够携载154枚战斧巡航导弹。

▲ 美国俄亥俄级巡航导弹潜艇

勤务舰船

勤务舰船也称辅助舰船、军辅船。勤务舰船是担负战斗保障、后勤保障和技术保障任务的舰船的统称，包括补给舰、运输舰、训练舰、防险救生船、医院船、侦察船、海道测量船、工程船、海洋调查船、试验船、维修供应舰、消磁船、破冰船、基地勤务船等。勤务舰船的船体多为钢质结构，动力装置多为蒸汽轮机或柴油机，满载时的排水量小则十几吨，大则数万吨，装有适应不同用途的装置和设备，有的还装备有自卫武器。

随着现代科学技术的发展及有关国家海洋战略和海军建设方针的变化，勤务舰船的新船种不断出现，美国、苏联、英国、法国、中国等国家均改装或新建了航天跟踪测量船、回收打捞船、综合补给船等，排水量均在万吨以上。本部分主要介绍勤务舰船中的补给舰船、医院船。

补给舰船

补给舰船，主要用于向航母战斗编队、舰船供应正常执勤所需的燃油、弹药、食品、备件等补给品，是专门用来在战斗中提供帮助的舰船。其特殊设计允许它装设战舰级的远端维修系统，并且减少所有辅助维修系统的能量需求，因此被广泛地在任务中使用。补给舰船包括舰队油船、综合补给舰、快速战斗支援舰等多种类型。

中国太仓级补给舰船——为我国第一型油水干货补给船。首舰“鄱阳湖号”（882）1978年服役；二号舰“洪泽湖号”（881）补给船，1981年服役，主要任务是伴随驱逐舰、护卫舰远航编队途中补给。该级补给舰船可补给三级燃料油、柴油、桶装滑油、淡水、软水和部分冷藏食品，并能在任何装载情况下，在12级风力下安全航行。

▲ 中国“洪泽湖号”补给舰船（881）

▲ 中国“鄱阳湖号”补给舰船（882）

中国南仓级补给舰船——南仓级是我国制造的第二代补给舰，只建造了一艘，为“青海湖号”（885），是南海舰队的旗舰。

▲ 中国“青海湖号”补给舰船（885）

美国萨克拉门托级补给舰船——伴随航空母舰特混舰队一起活动，对编队舰艇提供燃油、弹药、粮食、备品等各种消耗品的航行补给，使舰队能够长时间远离基地坚持在海上活动，随时执行指定任务。它是世界首级综合补给舰，是世界最大、航速最高的综合补给舰。萨克拉门托级补给舰船共建四艘，其中一艘由纽约造船厂建造，另三艘由普吉特海峡海军船厂建造。

▲ 美国萨克拉门托级补给舰船

美国供应级补给舰船——第一艘舰船“供应号”于1989年2月开始施工，1994年2月服役；第二艘和第三艘舰船分别在1990年5月和1991年12月开始施工，都在1995年服役；第四艘舰船于1998年服役。四艘舰船均由国家钢铁和造船公司建造。

▲ 美国供应级补给舰船——“桥号”

美国亨利J.凯泽级燃油补给舰船——1982年11月美国海军与阿冯达尔船厂签订详图设计和首艘舰船建造合同，1984年8月首艘船“亨利J.凯泽号”开工，1986年12月首船服役，计划建造十八艘船。

▲ 美国亨利J.凯泽级燃油补给舰船——“拉腊米号”

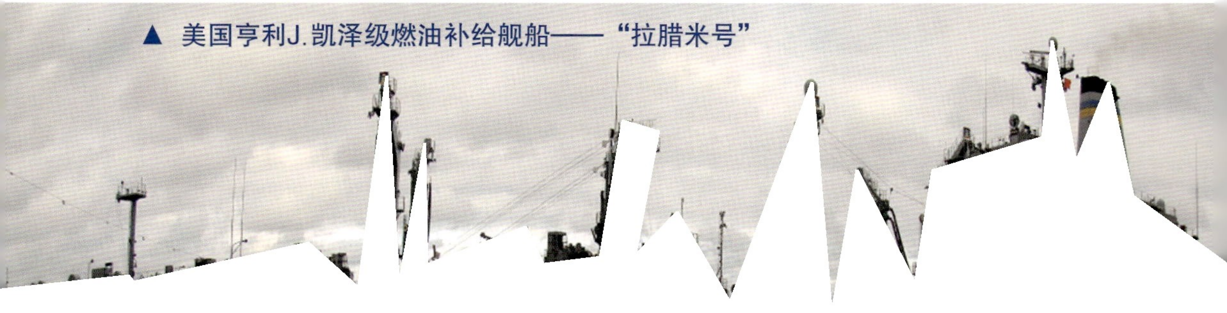

日本摩周级补给舰船——日本海上自卫队隶下的大型高航速舰队油弹综合补给舰，美国海军将其划分为快速战斗支援舰。该级舰装载量高，动力系统强劲，航速远比一般的综合补给舰高，可以配合航空母舰战斗群和远洋海军编队战斗。

▲ 日本摩周级补给舰船——“摩周号”（AOE-425）

医院船

医院船壳体的水线以上涂白色，两舷和甲板标有红十字图案，悬挂本国国旗和十字旗，在任何情况下不受攻击和捕拿。根据相关国际法规定，医院船不可侵犯，医院船有义务救助交战双方的伤员，交战各方均不得对其实施攻击或俘获，而应随时予以尊重和保护。

中国和平方舟号医院船——中国专门为海上医疗救护量身定做的专业大型医院船，舰名“岱山岛号”（866），由广船国际生产制造。“和平方舟”是该舰的称号，由于“和平方舟”更加贴近舰只功能，所以媒体报道多采用“和平方舟”这一称呼。由于美国医院船为油轮改装的，而和平方舟号医院船为专门建造的医疗船，因此，称“和平方舟号”为世界上第一艘超万吨级大型专业医院船。

▲ 中国“和平方舟号”医院船

美国仁慈级医院船——包括“仁慈号”医院船和“舒适号”医院船。它们在战时为美军作战部队提供机动医疗保障，尤其适宜战时为两栖特混部队、海军陆战队、快速反应部队以及陆、空军部队提供应急医疗支援和收治各类伤病员，平时又可为意外灾难提供医疗救护，还可在世界范围内实施医疗救援。

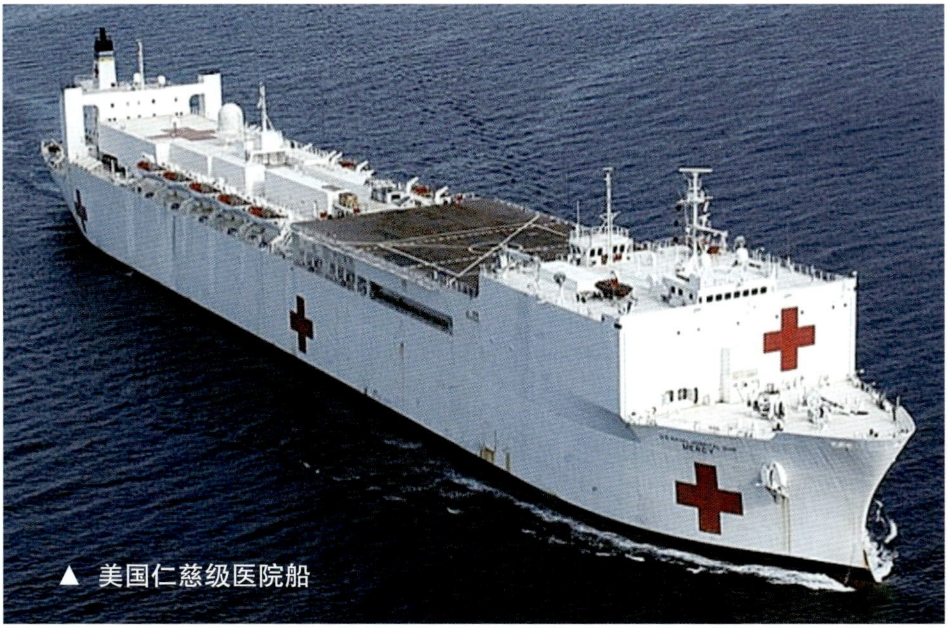

▲ 美国仁慈级医院船

个人信息

姓　　名：

班　　级：

学　　校：

星　　座：

血　　型：

家庭住址：

电　　话：

兴趣爱好：

座用铭